유럽 소도시 기행

론다 in 스페인

RONDA

유럽 소도시 기행

론다 in 스페인

RONDA

박영진 지음

마음지기

Ronda

Ronda

SALIDA

Ronda

흔히

창작은 가장 정확하고 고상하게 고백하는 것이라고 한다.
이런 의미에서 여행과 고백은 내 인생에서 가장 큰 기쁨이었다.

이 세상을 돌아다니는 것, 그것은 새로운 땅과 바다를,
새로운 사람들과 사상들을 보는 것이다.
그러나 그것들을 마음껏 음미할 수는 없다.
모든 것을 처음이자 마지막인 것처럼 오랫동안
머뭇거리며 바라보기 때문이다. 그럴 때면 난 눈을 감는다.
그리고 시간이 그것들을 고운체로 걸러서
나의 모든 기쁨과 슬픔의 정수로 정제시킬 때까지, 내 안에서
조용하면서도 격렬한 결정화가 일어나 풍요로워지는 것을 느낀다.
내가 보기에 이런 마음의 연금술이야말로
인간만이 지닐 수 있는 커다란 기쁨이다.

———— 니코스 카잔차키스 『스페인 기행』 중에서

론다 in 스페인

CONTENTS

PROLOGUE

"포쉬토바 플로쉬차!"

조금 전 환전한 우크라이나 돈 중에 가장 작은 단위의 지폐 한 장을 손에 들고 자세를 낮춰 자신 없는 목소리로 말했다. 짙은 금발 머리에 파란색 스트라이프 셔츠를 입고 있던 매표소 여직원은 나를 보는 둥 마는 둥 하더니 플라스틱 재질의 동그랗고 자그마한 토큰 하나를 건네주었다.

"땡큐!"

나는 웃으며 인사를 건넸지만, 그녀는 여전히 나와는 눈도 마주치지 않은 채 무표정한 얼굴로 내 뒤에 서 있던 다른 손님을 바라보며 창구로 오라는 눈짓을 보냈다. 잔돈을 주머니에 넣고 개찰구로 다가가 조금 전에 받은 토큰을 투입한 후 개찰구를 통과했다. 지하철 직원으로 보이는 남녀 두 명이 서로 이야기를 나누고 있었고, 개찰구 바로 앞에 있는 조그만 창구 안에 앉아 있는 중년의 여성은 개찰구를 통과하는 지하철 승객들을 지켜보고 있었다.

목요일. 오전 8시가 조금 넘은 시간이었고, 이때는 키예프 시내에서 제일 바쁜 시간대였다. 내 눈에 보이는 풍경들은 아주 낯설면서도 흥미로웠다. 이렇게 우크라이나 여행이 시작되었다.

그때 휴대전화에서 진동이 울렸다.

'박 작가, 나 급하게 필요한 게 있어. 언제 론다[Ronda]에 올 수 있겠어?'

언제나 나에게 '에스크리토르[Escritor, 작가]'라는 호칭을 붙여주는 스페인 친구 마누엘에게서 문자가 온 것이다.

다급해 보이지도 않았지만 그렇다고 일반적인 안부 인사도 아니었다.

'마누엘, 무슨 일이 있는 거야?'

그에게 문자를 보낸 후 개찰구를 통과해 지하 통로로 걸어 들어갔다. 키예프 지하철의 내부 장식은 그 명성에 걸맞게 우아하고 아름다웠다. 셔터를 누르며 사진을 찍었고 그 사진 안에는 키예프 시민들의 모습이 함께 찍혔다.

'론다에 대한 책을 한 권 써 줄 수 있어?'

마누엘에게서 다시 문자가 왔다.

스페인어, 영어, 프랑스어, 독일어, 일본어 등등 각국의 언어로 출간된 론다 여행 안내책이 시내 곳곳에서 판매가 되고 있는데 한국어로 된 안내책만 없다는 것이다. 마누엘이 누구보다도 한국과 한국 사람을 좋아한다는 것을 알기에 그가 어떤 걸 원하는지 정확하게 알 것 같았다.

지하로 내려가는 에스컬레이터에 몸을 맡기자마자 나는 몸의 균형을 살짝 잃고 흔들렸다. 그리고는 주변을 의식하며 혼잣말을 했다.

"와! 에스컬레이터 진짜 빠르네."

나중에 알게 된 사실인데 우크라이나 지하철은 세계에서 가장 깊은 지하철이라는 별명을 가지고 있었고, 에스컬레이터의 속도 또한 빠른 것으로 꽤 유명했다. 엄청난 속도로 족히 100미터 이상 내려가는 사이 마누엘과의 대화는 잠시 잊고 있었다. 만약 에스컬레이터가 고장 난다면 이 깊숙한 곳에서 어떻게 올라와야 하는지 상상해 보기도 했다.

승강장에 도착한 순간 승객으로 가득 메운 열차가 도착했다. 그리고 낯선 도시에서 낯선 사람들과 함께 파란색 낡은 열차에 몸을 실었다.

휴대전화 신호가 더는 잡히지 않았다. 전화기를 잠시 바지 주머니에 넣어 놓고 지난 몇 년간 살았던 스페인, 그리고 스페인 남부에 있는 작은 마을 '론다'에 대한 기억을 떠올렸다. 론다로 가는 차 안에서 봤던 거대하고 웅장한 산맥과 협곡. 그 사이로 형성된 푸른 빛 호수들. 해발 740미터 고지대를 오르는 구불구불한 좁은 길을 지나면서도 하얀 마을 위로 보이는 아름다운 자연경관에 감탄하던 기억. 무엇보다도 내 기억 속에 강렬히 남아 있던 장면은 세비야에서 론다로 가는 길 내내 끝없이 펼쳐지던 올리브 나무였다.

열차에서 내려 밖으로 나와 마누엘에게 문자를 보냈다.

"마누엘, 론다는 스페인에서도 가장 아름다운 곳이었어. 그래, 이번 여행을 마치고 바로 론다로 갈게. 거기서 만나."

론다

론다 여행을 시작하면서

돈 미겔 호텔. 아침 8시 30분. 스페인의 여느 호텔과 다를 바 없는 평범한 3성급 호텔의 조식 시간은 조금 특별하다. 다른 테이블에서 조식을 즐기는 관광객들의 표정에는 행복이 가득하다. 식사하다 말고 휴대전화를 꺼내 사진을 찍기도 한다.

바삭하게 구운 빵을 가져와 먼저 그 위에 올리브유를 뿌린 뒤 다진 토마토를 얹는다. 스페인 사람들이 가장 즐겨 먹는 아침 식사 메뉴 중의 하나인 '빤 콘 토마테Pan con tomate'를 정성스럽게 만들어 한 입 베어 먹었다. 풋풋한 올리브 향이 토마토와 어우러졌다.

'그래 이 맛이야!'

△
돈 미겔 호텔 객실에서 보이는 뷰.
예약 시 Bridge view를 선택해야 한다.

나 역시 휴대전화를 꺼내 들어 사진을 찍었다. 론다의 명물 '누에보 다리Puente Nuevo'가 손에 닿을 듯 바로 내 눈앞에 있다. 100미터 높이의 거대한 협곡에 걸쳐진 이 다리가 주는 강렬함은 새삼 인간의 위대함을 실감하게 한다. 자연이 빚어낸 협곡에 인간이 만든 다리. 그리고 절벽 위에 지어진 하얀 집들이 마치 운명인 듯 서로를 의지하며 놓여있다.

한참 동안 재잘거리던 프랑스 커플이 객실로 돌아가자 주변이 갑자기 조용해졌다. 아침 햇볕은 마치 따뜻한 커피 향처럼 나를 안았다. 카잔차키스의 『스페인 기행』을 꺼내 읽었다. 언제부터였을까. 최근에 나온 여행 책자보다는 오래된 여행기를 더 선호하게 된 것 같다. 몇 년 전 시칠리아를 여행할 때 괴테의

△
돈 미겔 호텔 조식 풍경

『이탈리아 기행』을 읽었던 감동 때문인지도 모르겠다. 타오르미나의 그리스 극장에 올라 시라쿠스까지 뻗어 있는 해안선을 바라보며 이보다 더 멋진 광경은 없을 거라던 괴테의 글은 내 가슴 속에 생생하게 남아있다.

옷을 차려입고 외출을 시작한 11시는 전 세계에서 몰려드는 패키지 관광객들로 인산인해를 이루는 시간이다. 마누엘이 가장 바쁜 시간이기도 하다. 호텔에서 나오면 바로 앞이 스페인 광장이다. 광장 건너편으로는 스페인 정부에서 운영하는 국영 호텔인 파라도르 데 론다Parador de Ronda가 있고, 그 옆에는 맥도날드가 있다. 론다에 딱 하나 있는 맥도날드는 론다 주민에게는 만남의 장소이기도 하다. 때마침 야외 테이블을 정리하고 있던 맥도날드 여직원이 멀리서 나를 알아보고는 손을 흔든다. 나도 손을 흔들어 인사를 건넸다. 가이드로 활동했던 이유도 있지만, 얼마 전 론다 지역 신문 1면에 내 인터뷰 기사가 나온 적이 있었기에 나를 알아보고 반기는 론다 주민이 여럿 있다. 한국에서 온 세계 여행가가 스페인 마드리드에 정착했고, 그가 뽑은 스페인에서 가장 아름다운 도시 중의 하나가 바로 '론다'라고 하는 내용의 기사였다. 마누엘은 한동안 이 신문 기사를 언급하며 "박 작가는 론다에서 유명한 사람이야" 하며 너스레를 떨기도 했었다.

2 RONDA

«España y la ciudad de Ronda están dentro de mi corazón»

El escritor Youngjin Park edita un libro para Corea del Sur sobre los rincones más atractivos de España, en el que destaca a Ronda

Habilitan el presupuesto para las obras de la muralla

RONDA 5

Denuncian a los responsables de la retirada de varios nidos

Los hechos se han producido en un bloque de viviendas del Olivar de las Monjas cuando se realizaban labores de pintura

△
론다 지역지실린 인터뷰 기사

이처럼 천진난만한 마누엘 덕분에 나는 다시 여행자가 되어 론다에 왔다.

그때 투우장 앞에서 가이드를 하는 마누엘이 보였다. 좁은 론다 바닥에서 마누엘을 찾기란 어려운 일이 아니다. 카메라를 들고 관광객 앞에 서서 안내하는 마누엘의 모습을 사진에 담았다.

"아스타 루에고!Hasta luego, 이따 봐!"

발길을 돌리며 손을 흔들었다.

패키지로 론다를 방문하는 경우 대략 1시간, 짧을 때는 30분만 머무르며 스쳐 가는 게 일반적인 코스다. 보통은 세비야에서 출발해서 하루 만에 〈론다-미하스-그라나다〉 일정을 소화해

△
관광객들에게 설명을 하고 있는 마누엘의 모습

야 하므로 론다에서의 시간은 언제나 부족하다.

그래서 한낮에는 관광객들로 가득 찼던 이곳은 밤이 되면 한적해진다. 하지만 론다를 제대로 관광하려면 최소 3일은 머물러야 한다. 개인적으로는 론다 시내 2일, 론다 외곽 지역 1일을 추천하고 싶다.

2016년 출간했던 『스페인, 마음에 닿다』에서 론다를 소개했지만, 이번 여행에서는 론다에 대해서 좀 더 깊게 알아보려고 한다. 론다 하면 떠오르는 관광지는 크게 두 가지이다. 누에보 다리와 투우장. 그러나 스페인의 그 어떤 도시보다도 역사가 깊은 론다에는 숨겨진 관광지가 많다. 그곳들을 찾아 안내하고자 한다.

헤밍웨이가 사랑했던 도시

멋진 날이었다. 하늘은 맑고 햇볕은 적당히 따스했다. 아주 무더운 7~8월과 아주 추운 1~2월을 피한다면 좋겠지만, 그렇지 않더라도 론다는 사시사철 언제든지 관광을 즐길 수 있는 곳이다.

투우장 앞 광장 한가운데에는 실물 크기의 황소 동상이 보이고 그 앞에 있는 일본 관광객들이 손가락으로 황소를 가리키며 기념사진을 촬영하고 있었다. 관광 안내소에서 지도를 받아 들고나오는 가족에게 한참을 마차에 앉아 있던 마부가 말을 건넨다. 관광 안내소 옆 레스토랑 헤레스Jerez의 야외 테이블에는 안달루시아의 명물 요리인 소꼬리찜을 즐기는 관광객들로 가득하다.

론다는 스페인의 그 어떤 도시보다도 활기찬 곳이다. 스페인 남부 안달루시아 지역 말라가 주에 위치한 론다는 인구가 38,000명밖에 안 되는 작은 마을이지만 인구보다 수십 배 많은 관광객이 찾는다.

광장 한 켠에 세워진 두 개의 동상 주인공은 바로 헤밍웨이와 오손 웰즈다. 헤밍웨이는 마드리드, 세비야, 그라나다, 팜플로나 등등 스페인 전역을 여행했지만 그가 스페인에서 가장 많은 시간을 보냈던 곳이 바로 론다였다. 론다의 한 호텔에 머물면서 그의 대표작 『누구를 위하여 종은 울리나』를 집필하기도

△
헤밍웨이와 오손 웰즈의 동상

했다. 그는 마지막 생일을 론다에서 보냈을 만큼 론다를 사랑했고, 그 흔적들은 론다 여기저기에서 발견할 수 있다.

1923년 헤밍웨이는 론다에서 우연히 투우 경기를 보게 된다. 20대 중반의 청년 헤밍웨이 눈에 비친 투우 경기가 엄청난 문화 충격이었을지 아니면 오락적인 요소로 인해 한눈에 매료되었을지는 알 수 없지만, 분명한 것은 헤밍웨이는 투우의 매력에 빠져들었고 큰 경기가 있을 때마다 이곳 론다를 찾았다.

그로부터 3년 뒤인 1926년, 헤밍웨이는 『태양은 다시 떠오른다The sun also rises』를 출간하고 그 책이 흥행에 성공하면서 본인도

△
론다에 있는 헤밍웨이 길

작가로서의 결실을 맺게 되고, 스페인과 스페인의 투우를 전 세계에 알리는 계기도 만들었다.

헤밍웨이가 늘 자신의 가장 가까운 친구라며 소개했던 투우사가 있었는데 헤밍웨이보다 서른세 살이나 어린 안토니오 오르도녜스Antonio Ordóñez다. 안토니오는 론다에 헤밍웨이 길을 만들어 줄 정도로 헤밍웨이를 좋아했다. 1948년, 만 16세의 나이로 데뷔한 투우사 안토니오는 데뷔와 함께 일약 스타덤에 오른다.

〈시민 케인〉을 만든 영화감독이자 배우였던 오손 웰즈1915~1985 역시 안토니오의 열렬한 팬이었다. 안토니오의 경기가 있을 때면 한 손에는 시가를 다른 한 손에는 카메라를 들고 나타나곤 했다. 오손 웰즈가 헤밍웨이를 만난 건 1937년이었다. 영화 *〈스페인의 땅Spanish earth〉에서 오손 웰즈는 내레이터로, 헤밍웨이는 작가로 활동하던 중 만나게 된 것이다.

누구보다도 론다를 사랑했던 두 미국인의 동상 뒤로 안달루시아의 유력 정치가 블라스 인판테Blas Infante의 이름을 따서 만든 공원이 이어지고 이 공원 끝에는 전망대가 있다.

* 영화 〈스페인의 땅〉: 다큐멘터리 영화의 거장인 요리스 이벤스가 감독한 1937년 작품. 스페인의 내전을 다룬 가장 중요한 영화 중 하나로 평가받음.

◁ 헤밍웨이와 안토니오

◁ 오손 웰즈와 안토니오

느긋하고 유쾌한 스페인 문화 즐기기

유서 깊은 레스토랑 헤레스로 들어갔다. 친절한 레스토랑 직원이 자리를 안내해 줬다. 스페인 사람들을 보면 마치 언제든지 웃을 준비가 되어 있는 사람들처럼 얼굴에 미소가 가득하다. 스페인으로 여행 온 다른 유럽 국가의 관광객들도 '스페인 사람들은 잘 웃고, 친절하며, 낙천적이다'라고 생각한다. 거기에 한 가지 더 덧붙인다면 '게으르다' 정도?

레스토랑에 들어가면 홀에 직원이 없더라도 아무 테이블에나 앉으면 안 된다. 웨이터가 올 때까지 입구에서 기다려야 한다. 스페인에서 레스토랑에 가게 된다면 사전에 어느 정도는 마음의 준비를 해야 한다. 자리를 안내받기까지 기다리고, 자리에 앉으면 메뉴판을 받기 위해 또 기다린다. 메뉴를 결정하고 웨이터를 불러 음식을 주문하려고 하면 웨이터는 음료부터 주문받는다. 여기서 한국인들은 이미 지친다. 음료를 준비해서 돌아오면 그제야 음식을 주문할 수 있다. 스페인 사람처럼 먹으려면 음료, 전식Entrada, 메인 요리Platos principales, 디저트를 다 시켜야 하지만, 2인이 전식 한 가지와 메인 요리 두 가지 정도만 시켜서 먹고 디저트와 커피는 생략해도 큰 문제는 없다.

얼마 전 독일의 라이프치히를 방문한 적이 있었다. 라이프치히 현대 미술관 카페에서 커피 한 잔을 주문했다. 카페 종업원이 카푸치노를 들고 와 테이블 위에 놓고는 그 옆에 계산서를 함께 놓았다. 그리고는 그 자리에 그대로 서 있었다. 나는 잠시 멈짓거리다가 그제야 종업원이 돈을 받기 위해 서 있다는 것을 알았다. 주머니에서 5유로짜리 지폐 하나를 꺼내서 그에게 건넸다. 돈을 받는 종업원의 태도가 어딘가 모르게 딱딱하고 정이 없어 보이는 느낌을 받았다. 스페인은 나갈 때 내면 되는데…… 하며 속으로 생각했던 기억이 난다.

처음 스페인에 갔던 때였다. 동네 바Bar에서 커피를 시키자마자 "얼마예요?" 하고 물었더니 바 직원이 나를 이상하게 쳐다보며 말을 했다.

"돈은 갈 때 내시면 돼요."

그 언젠가 한 스페인 친구가 했던 말이 생각났다. 스페인 사람들은 상대방에게 압박을 주거나 압박을 받는 것 둘 다 너무나 싫어한다는, 그래서 스페인에서 살려면 느긋하게 생각하는 것부터 배워야 한다던 말.

이런 문화를 한마디로 정의해 '트란킬로Tranquilo 문화'라고 표현할 수 있다. 트란킬로는 '천천히'라는 뜻이다. 어떻게 보면 스페인 사람들을 가장 잘 표현하는 단어이며, 실제로 스페인 사람들이 많이 쓰는 표현 중 하나이기도 하다.

예를 들어 레스토랑에서 식사를 마친 후에 계산서를 달라고 웨이터를 불렀다고 가정하자. 분명히 웨이터와 눈이 마주쳤고 웨이터도 고개를 끄덕이고 갔는데 몇 분이 지나도 돌아오지 않을 경우, 이때 5분 정도가 경과되고 다시 웨이터를 부른다면 그건 문제가 되지 않는다. 그런데 만약 1분도 채 되지 않아서 또다시 웨이터에게 손짓하며 재촉한다면 웨이터가 *'마드레 미아

* 마드레 미아는 '나의 엄마'라고 해석되는데, 영어의 '오 마이 갓' 정도로 이해하면 된다.

Madre mía'라고 혼잣말을 할 수도 있다. 성미가 급한 한국인이라면 면전에서 '트란킬로'라는 말을 들을 기회가 많을 것이다. 나도 역시 누구보다도 바쁘게 살았던 토종 한국인으로서 도저히 스페인의 트란킬로 문화에는 적응하지 못할 줄 알았다. 그런데 어느새 스페인 사람들의 '느림'에 나도 모르는 사이 적응이 된 것 같다.

안달루시아의 명물 요리 소꼬리찜rabo de toro과 와인 한 잔을 주문했다. 소꼬리찜은 론다 어디에서도 먹을 수 있지만 내가 가본 곳 중에서는 헤레스의 소꼬리찜이 단연 최고였다. 소꼬리찜과 함께 즐기는 레드 와인의 맛도 역시 환상적이다.

◁ 한국인의 입맛에 잘 맞는 소꼬리찜 요리

프랑스, 이탈리아, 스페인을 여행한다면 여행하고 있는 지역에서 생산되는 와인을 맛볼 수 있다. 게다가 그 와인 한 잔의 가격이 한국 돈으로 3천 원 정도라면 기분이 어떨까.

스페인 북부 갈리시아 지방에 가면 갈리시아에서 생산되는 달콤한 화이트 와인을 마셔보자. 갈리시아의 신선한 해물과는 완벽한 조합이다. 두에로 강변을 중심으로 생산되는 리오하 와인과 리베라 델 두에로 와인, 바르셀로나의 카바 와인 등 스페인에는 훌륭한 와인이 많다. 나는 개인적으로 레드 와인을 좋아하는데, 그중에서도 프로토스Protos나 에밀리오 모로Emilio moro, 무가Muga는 내가 가장 좋아하는 와인 브랜드들이다. 하지만 론다에 오면 언제나 론다 지역에서 생산하는 지역 와인을 고른다.

디저트와 커피는 생략하고 팁 2유로를 두고 밖으로 나왔다. 레스토랑에서 식사할 경우 1인당 1유로 정도면 적당하다. 혼자 먹을 경우는 1~2유로, 4인이 먹을 경우는 4~5유로 정도면 충분하다.

투우장 길 건너 에스피넬 거리Carrera Espinel는 론다의 명동 같은 곳이다. 기념품 가게와 패션 매장들이 늘어서 있고, 스페인 사람들의 소울 푸드인 하몽Jamon 전문점과 뚜론Turrón, 꿀과 설탕, 아몬드 등으로 만든 스페인의 대표 간식, 아이스크림을 파는 가게들이 가득하다. 야외 테이블에 앉아 따뜻한 커피 한잔 시켜 놓고 정겨운 론다 사람들을 구경하는 것도 즐거운 일이다.

40번지로 들어가면 론다에서 제일 맛있는 츄러스 가게가 나온다. 사실 관광객들은 잘 모르는 곳이지만 론다 시민들에게는 상당히 잘 알려진 맛집이다. 내부 인테리어는 평범하지만 츄러스 만큼은 어디에도 뒤지지 않을 만큼 맛있다.

우리나라에서도 쉽게 먹을 수 있는 츄러스의 원조 국가가 바로 스페인이다. 스페인 북부 나바라 지방에서 서식하던 양의 이름이 추로Churro였는데, 그 지역 목동들이 밀가루를 반죽해서 기름에 튀겨 먹던 간식의 모양이 추로의 뿔과 닮았다고 해서 붙여진 이름이 바로 츄러스다.

△
론다 시민들에게 인기 만점인 츄러스 가게

△
스페인 북부 나바라 지방의 양 '추로'

츄러스 가게에서 멀지 않은 곳에 있는 카페로 이동했다. 마누엘과 만나기로 한 장소이다. 스페인의 평범한 카페처럼 입구에는 담배 자동판매기와 오락기가 하나 놓여 있었고, 정면의 하얀 벽면은 온갖 종류의 술로 가득했다. 안으로 들어갔을 때는 바 직원과 중년의 남성이 큰 소리로 떠들고 있었다. 말이 너무 빨라서 아저씨가 무슨 말을 하는지 자세히 알아들을 수 없었지만 중간에 *'에닫 데 파보Edad de Pavo, 사춘기'와 '소브리노Sobrino, 조카'라는 단어가 들린 것으로 봐서 아저씨의 조카가 현재 사춘기이고 그래서 가족 모두가 힘들다. 뭐 이런 내용인 듯했다.

"운 카페 아메리카노, 포르 파보르!Un café americano, por favor, 아메리카노 한 잔 주세요!"

자리에 앉아 커피를 주문했다. 사실 스페인 대부분의 카페에는 아메리카노라는 메뉴가 없다. 미국인들이 마시는 커피라고 해서 아메리카노라는 이름이 붙여졌는데, 스페인에서는 오전에는 카페 라테, 오후에는 진한 에스프레소를 마시는 것이 보통이다.

---

* Edad은 '나이', Pavo는 '칠면조'라는 뜻이다. 칠면조는 머리부터 목 사이의 피부가 여러 색으로 변하는 특성이 있어서 스페인에서는 '칠면조 나이'가 바로 사춘기를 의미한다.

스페인에는 아이스 아메리카노라는 메뉴 또한 없다. 그래서 시원한 커피를 원할 경우에는 아메리카노를 주문하면서 *얼음을 함께 달라고 해야 한다. 보통은 공짜로 주지만 20센트 정도 받는 곳도 있다.

스페인의 커피 종류에 대해서는 그림을 보면 이해가 쉬울 것이다.

* 카페 아메리카노 콘 이엘로Café americano con hielo라고 말하면 된다. con은 with, hielo가 ice라는 뜻이 된다.

아저씨의 오랜 친구처럼 보이는 다른 중년의 남성이 들어왔다. 아저씨는 포옹하며 반가워했다. 세 사람은 더 큰소리로 떠드는데 나도 그냥 기분이 좋아졌다. 구석진 작은 바에 그저 맥주 한 잔이었지만 저들은 참 행복해 보였다. 그 행복이 나에게도 전달되었다. 아무것도 아닌 사소한 주제를 가지고 저렇게 웃을 수 있는 것이 어쩌면 우리 모두가 원하는 행복이 아닐까 하는 생각이 들었다. 순간 벽면에 쓰인 문구가 눈에 들어왔다.

'Happiness is not a destination. It is a way of life'

우리는 우리도 모르는 사이에 '앞으로 행복하게 살자'라고 말하곤 한다. 행복은 목적지가 아니라 우리가 걷는 이 길 어디서든 발견할 수 있다. 다만 우리가 그걸 깨닫지 못할 뿐이다.

"내가 너무 늦게 왔지?"

그때 마누엘이 들어왔다. 나는 두 팔로 마누엘을 안았다. 격한 반가움의 표시였다.

"아니, 여기 커피가 무척 맛있어. 그리고 론다로 초대해 줘서 고마워 마누엘!"

HAPPINESS
IS NOT A
DESTINATION
IT IS A
WAY
OF LIFE
*PAELLA PLATO = 6€

△
바 벽면에 걸려 있던 문구

미소가 아름다운 론다 사람들 ▽▷

집을 구경시켜 주겠다는 마누엘을 따라나섰다. 에스피넬 거리 바로 옆 골목 이층에 마누엘의 집이 있다.

마누엘과 알고 지낸 지 3년이 훌쩍 넘었는데 그의 집에 가 본 것은 이번이 처음이다. 작고 아늑한 마누엘의 집에는 그의 사랑하는 아내와 딸이 함께 산다. 마누엘은 서재로 나를 안내했다.

"내 공부방이야. 여기서 하루에 30분씩 한국어를 배우고 있어."

한 평 남짓한 작은 방 책상 위에 컴퓨터가 놓여있고 벽면에는 한국어 단어들이 나열되어 있었다. 나보다도 한참 나이가 많은 마누엘이 꼼꼼히 메모해 가며 공부한 흔적들을 보니 감탄이 절로 나왔다.

마누엘은 한국인들을 상대로 일하는 스페인 가이드 중에서 한국어를 가장 잘하는 것으로 나름 유명하다. 그의 유창한 한국어를 갈고 닦은 곳이 바로 여기였다.

마누엘의 작은 서재에 둘이 앉아 그가 론다에서 보냈던 어린 시절의 추억들, 가족과 함께 열심히 일하면서 즐겼던 그의 소소한 이야기를 들으며 유쾌한 시간을 보냈다.

죽기 전에 한국에 꼭 한번 가보고 싶다는 그의 소원이 이루어지길 바라본다.

◁ 마누엘의 집 거실

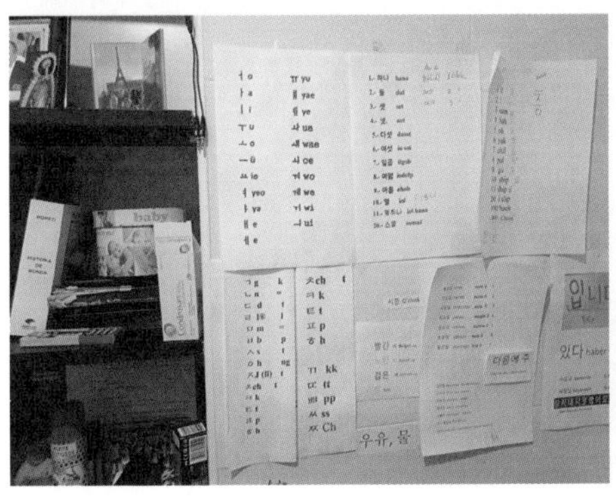

◁△
마누엘의 서재

론다의 역사

1905년, 론다에서 대략 20킬로미터 정도 떨어진 그라살레마 산맥Sierra de Grazalema에서 선사 시대의 동굴 벽화가 발견됐다. 단순한 발견이 아니었다. 먼 옛날 신석기인들이 스페인 북부와 포르투갈 북부의 한정된 지역에서만 살았던 게 아니라 이베리아 반도 전역에 걸쳐 살았다는 것을 입증한 것이다.

이후 아프리카에서 지브롤터 해협을 건너온 이베로족이 이베리아 반도 남부에, 뒤늦게 피레네 산맥을 넘어 온 켈트족이 북부에 정착하며 여러 지역에 퍼져 살았다.

기원전 11세기, 당시로써는 세계에서 가장 진보된 해양 기술을 보유하고 있었던 페니키아인들이 이베리아에 상륙했다. 그리

△
필레타 암각화

고 그들은 유럽에서 가장 오래된 도시라고 여겨지는 카디즈Cadiz를 중심으로 그들만의 무역로를 발전 시켜 나갔다.

우리가 흔히 스페인이 원산지라고 오해하고 있는 올리브 나무를 처음으로 스페인에 가져온 장본인은 바로 그리스인이다. 올리브와 포도 경작을 시작으로 그리스인들이 이베리아 반도에 서서히 유입되던 때에 지중해 무역을 거의 독점하다시피 하던 페니키아인들이 북아프리카, 지금의 튀니지에 해당하는 지역에 도시국가 카르타고를 세우고 스페인 남부 지역에 식민지를 건설하며 세력을 키우게 된다.

기원전 3세기 지중해 패권을 놓고 시칠리아에서 발발된 포에니 전쟁을 통해 결국 카르타고는 완전히 멸망하게 되고 로마는 지중해, 즉 세계를 평정하게 된다. 지금 우리가 알고 있는 스페인 대부분의 도시는 로마 시대에 만들어진 도시이다. 그때는 스페인을 이스파니아Hispania 속주라 불렀다.

율리우스 카이사르기원전 100년~기원전 44년 시대에 이르러 론다는 도시로 승격이 되었고, 론다와 함께 성장했던 근교 도시 아씨니포Acinipo는 그 이후로 쇠락의 길을 걷게 된다.

4세기, 로마는 분열된다. 콘스탄티노폴리스를 수도로 한 동로마 제국비잔티움 제국과 로마를 수도로 한 서로마 제국 중 서로마는 476년, 동로마는 1453년에 멸망한다.

서로마는 게르만 대이동에 의해 멸망하게 되는데, 게르만의

△
론다에서 20km 거리에 있는 고대 도시 아씨니포
지금은 터만 남아있다. @TheogoniaThor

한 분파인 서고트족이 지금의 톨레도에 왕국을 만들게 된다. 그 후 200년 가까이 게르만과 로마가 공존하며 비교적 안정적인 시절을 보냈다.

서고트의 왕국은 오래가지 못했다. 711년 타리크 이븐 지야드가 이끄는 이슬람 세력이 북아프리카에서 침략하여 불과 10년도 채 안 되어 이베리아 반도 대부분을 점령하게 된다.

722년 코바동가 전투에서의 승리를 시작으로 본격적인 레콩키스타가 시작되고, 732년 프랑크족을 상대로 싸운 푸아티에 전투에서 이슬람이 크게 패하며 기세가 수그러들게 된다.

1086년 알폰소 6세가 톨레도를 함락한 시점부터 가톨릭 왕국이 이슬람 세력보다 우세했다고 평가된다. 여러 자료에 의하면 스페인이 이슬람으로부터 800년간 지배를 받았다고 적혀 있기도 하지만 이는 사실과 다르다. 특히 페르난도 3세 때에 이르러 코르도바1236년와 세비야1248년를 정복한 이후로는 마지막 남은 그라나다 왕국이 1492년에 멸망할 때까지 수백 년간 이슬람은 가톨릭 왕국에 조공을 바치며 최소한의 영역만을 통치했을 정도로 세력이 약해져 있었다.

이슬람 통치 말기 론다는 그라나다 왕국에 속해 있었고, 결국 1485년에 가톨릭 왕국의 카디즈 후작의 군대에 의해 정복당하고 만다.

론다의 명물 누에보 다리

론다 여행의 시작과 끝에는 언제나 누에보 다리가 있다. 어떤 이는 스페인 여행의 목적이 바로 이 다리를 보기 위해서였다고 말할 정도이다. 처음 이 다리를 보게 되면 누구나 놀라게 된다. 기대했던 것보다 규모가 훨씬 크기 때문이다.

21세기에 론다를 찾는 관광객들은 아마 상상도 못 할 것이다. 론다에 누에보 다리가 없었던 그때를. 협곡 저 아래로 10분 정도 걸어 내려가면 비에호 다리Puente Viejo가 나오는데, 누에보 다리가 만들어지기 전에는 그 다리를 통해 마을로 진입할 수 있었다.

비에호 다리까지 다녀온 관광객이라면 지금의 누에보 다리가

△
누에보 다리. 다리 전체를 찍을 수 있는 전망대는 시내에서 도보로 10분 정도면 도착한다.

론다 시민들에게 얼마나 고마운 존재인지를 실감할 수 있을 것이다.

과달레빈Guadalevin 강이 흐르며 오랜 세월에 걸쳐 협곡이 형성되었고 그 어떤 노력으로도 두 마을을 연결할 수 없을 것처럼 보였던 그때, 스페인의 국왕 펠리페 5세는 이 이름 없는—적어도 그때는 그랬다—시골 마을에 다리 건설을 명했다.

이 다리가 유럽과 아시아를 잇는 보스포루스 대교도 아니었다. 교통의 요충지가 아니라는 뜻이다. 시민들이 지금 수준의 불편만 겪으면 되는 일이었다.

게다가 당시 스페인 왕실은 수백 년간 선조들이 수집했던 수만 장의 그림들을 일반 백성에게 공개할 목적으로 적당한 *전시 장소를 물색 중이었고, 론다는 우선순위에서 밀려 있었다.

펠리페 5세가 어떤 심경으로 이 다리 건설을 명했는지는 알 수 없다. 결국 왕이 예상했던 것보다 훨씬 많은 자본과 인력이 투입되었고, 그로 인해 왕이 어떤 고민을 했었는지도 역시 알 수 없다. 하지만 분명한 것이 하나 있다. 이 다리는 무척이나 아름답다.

"엄마, 저 다리 좀 봐! 정말 너무 멋있어!"

저 멀리 한국에서 온 꼬마 관광객의 입에서 흘러나오는 감탄을 스페인의 국왕 펠리페 5세가 들었더라면 기분이 어땠을까. 오스트리아의 시인 릴케Rilke가 론다에 와서 "내가 그토록 찾고 싶었던 꿈의 도시를 드디어 찾았다"라며 기뻐하던 모습을 그가 봤더라면.

---

* 훗날 프라도 미술관이 개장한다. 론다 누에보 다리 건설로 인해 시기가 늦춰져서 결국 1819년 11월에 문을 열게 된다.

다리 건설은 1735년에 처음 시작되었다. 만약 최초의 설계로 공사가 마무리되었더라면 아마도 지금의 누에보 다리는 완전히 다른 모습이었을 것이다. 120미터 높이의 깎아지른 듯한 절벽 사이를 연결하는 다리를 만드는 일은 몇 번이나 기술적인 난관에 부딪혔다. 절벽 상부에 홈을 파고 그 위에 아치형 교량을 얹는 방식이었다.

처음에는 공사가 순조롭게 진행되는 듯했지만 결국 사고가 발생했다. 시공 8개월 만에 다리가 와르르 무너져 버렸다. 50명 이상의 사상자가 발생했고 공사는 한동안 중단됐다. 누군가는 책임을 져야 했다. 결국 주임 건축가가 교체됐다. 론다에서 80킬로미터 정도 떨어진 대도시 *말라가에서 새로운 건축가 호세 마르틴José Martín de Aldehuela이 부임했다. 그는 말라가 주에 있는 성당들을 건설한 경력이 있었지만, 무엇보다도 수도교를 건설해 본 경험이 있었다.

호세 마르틴은 다시 원점으로 돌아가 협곡 밑에서부터 돌을

* 스페인에서 여섯 번째로 큰 도시. 환상적인 해안 코스타 델 솔Costa del sol이 있는 것으로 유명하며 피카소가 태어난 곳이기도 하다.

쌓기로 한다. 다리 하단까지 거대한 돌들을 운반하는 작업부터가 만만치 않았다. 거친 협곡의 단면과 다리의 하단부를 연결해 축조하는 작업부터 여러 번의 시행착오를 겪어야 했으며, 동시에 마을의 전체적인 경관과도 어우러져야만 했다. 지금보다 훨씬 거셌던 강의 물살 또한 인부들에게는 큰 난관이었다.

1751년에 재개된 공사는 42년만인 1793년에 지금의 모습으로 완공되었다. 구시가지와 신시가지를 연결하는 세 개의 다리 중에서 제일 마지막에 만들어진 다리였고, 그래서 '새로운 다리'라는 뜻의 '누에보 다리'로 명명됐다.

스페인에서 제일 오래된 투우장

스페인에서 제일 오래된 투우장이 론다에 있다. 입장료를 내면 투우장 내부를 관람할 수 있는데, 경기를 보는 것이 아니어서 실망스럽다면 굳이 입장료를 내고 들어가지 않고 건너편 카탈로니아 론다Catalonia Ronda 호텔 테라스 카페에 가서 시원한 주스 한잔을 마시며 투우장 내부를 조망하는 것도 좋을 듯싶다.

론다 투우장은 1780년에 시작해서 5년만인 1785년에 완공됐다. 누에보 다리가 거의 마무리 되던 시점이었고, 누에보 다리의 주임 건축가였던 호세 마르틴이 역사에 길이 남을 스페인 최초의 투우장 건설을 맡았다.

스페인에서 투우가 존재했던 건 아주 오래전이지만, 지금과

같이 스포츠로서의 요소가 가미된 투우 경기가 시작된 곳이 바로 론다였고, 현대 투우의 창시자로 불리는 프란시스코 로메로Francisco Romero가 바로 론다 출생이다.

△
카탈로니아 론다 호텔 테라스에서 바라본 투우장의 모습

멀리서 투우장 안을 들여다보니 16년 전 처음으로 투우 경기를 봤던 기억이 떠오른다. 마드리드 벤타스Las Ventas 투우장. 스페인 최대 규모를 자랑하는 투우장에 수만 명의 관람객이 투우사를 향해 환호와 야유를 반복하던 열광의 현장에서 피 흘리며 쓰러지던 불쌍한 소의 모습을 지금도 잊을 수가 없다.

당시 나에게는 커다란 문화 충격이었고 그 후유증이 꽤 오래 갔었지만, 생각해 보건대 그때 이후로 다른 나라 문화에 대해 접근하는 방식과 이해의 폭이 넓어진 것은 사실이다. 결론은 명확하다. 우리가 누군가를 비판하기 전에 한 번쯤은 상대방에 대해서 이해해 보려는 노력을 해봐야 한다는 것이다.

스페인에서는 '투우'를 '코리다 데 토로스Corrida de Toros'라고 한다. 이를 한국어로 그대로 번역하면 '소의 달리기' 정도로 번역할 수 있겠다. 이 단어 어디에도 '싸운다'라는 의미는 들어가 있지 않다. 하지만 외국인들은 이를 'Bullfight'로 사용했고, 그 단어가 그대로 전해져 우리나라에서도 '투우'라는 단어를 사용하게 된 것이다.

중요한 것은 이 단어가 오역되었다는 사실이 아니라, 같은 경기를 보면서도 그 경기에 대해 서로 전혀 다른 시각이 존재한다는 것에 대한 인식이다.

여러 가지 임무를 부여받은 투우사 중에서 주인공은 단연 마타도르Matador이다. 우리나라 말로 번역하자면 '죽이는 사람'이라는 뜻이 된다. 소와 최후의 일전을 벌이기 직전 붉은 물레타Muleta를 흔들며 소의 힘을 빼놓는 시간이 있다. 한 마리의 소가 30분 정도 경기하는 동안 마타도르와 소가 서로 엉겨 붙어 쫓고 쫓기는 이 순간이 바로 투우 경기의 하이라이트이다.

경기에 나서기 전 소의 움직임, 예컨대 소의 운동신경이나 민첩성, 공격 성향 등을 파악하는 능력은 마타도르의 가장 중요한 자질 중의 하나이다. 펄럭이는 물레타를 향해 돌진하는 거대한 황소를 아슬아슬하게 비껴가며 경기를 진행하는 노련한

△
소를 상대하는 마타도르

마타도르는 한시도 한눈을 팔 수 없다. 혹시라도 소의 뿔이 몸에 스쳐 넘어지고, 소가 바닥에 쓰러진 마타도르를 발견하는 순간 육중한 몸에서 뿜어져 나오는 어마어마한 힘을 받은 뿔이 사람의 몸을 그대로 뚫어 버리기 때문이다.

소를 능숙하게 다루며 아슬아슬한 장면을 연출하는 스포츠 요소로 인해 투우에 열광하는 것이지, 소와 싸운다거나, 소를 잔인하게 죽이는 것에 열광하는 것이 아니다.

입장료를 지불하고 투우장 안으로 들어갔다. *아레나Arena 안으로 입장하기 바로 전 오른쪽 문으로 들어가면 자그마한 투우 박물관이 나온다. 투우와 관련된 여러 자료, 투우 경기에 사용되는 도구와 장비들이 전시되어 있다.

입구에 전시된 자료들을 보면 고대 스페인 사회에서도 인간과 소가 서로 힘겨루기를 하는 모습들을 볼 수 있다. 소는 신이며 또한 재물이었고, 세상에서 가장 강한 존재인 동시에 인간이 싸워서 이겨야 할 공격 대상이었다.

---

* 경기가 펼쳐지는 모래로 덮인 원형 공간을 아레나라고 부른다.
'모래'라는 뜻이다.

'고대의 인류는 황소를 숭배 의식의 핵심으로 사용하곤 했다. 그들은 황소의 뿔 사이로 태양을 밀어 넣었다. 그리고 거대한 고환 위에 그들의 모든 희망을 걸어 두었다. 성대한 축제 때에는 황소와 맞붙어 싸웠다. 우두머리 사제는 투우사였으며, 칼은 하느님도 대항할 수 없는 가장 강력한 액막이로서 그의 제례 도구였다. 황소가 울부짖으며 쓰러지면, 신도들이 몰려나와 황소의 날고기를 마구 먹었다. 이것이 바로 진짜 살과 진짜 피로 행하는 원시적 영성체였다.'

_니코스 카잔차키스의 『스페인 기행』 중에서

중세의 투우는 지금처럼 투우사가 *물레타를 들고 소와 대결하는 방식이 아니라, 말 위에서 싸우는 기마 투우가 주를 이뤘다. 기사들이 투우사의 역할을 하는 등 투우는 귀족 사회에서도 가장 인기 있는 놀이이자 의식이었다.

전설의 투우사 페드로 로메로Pedro Romero의 그림이 눈에 띄었다. 현대 투우의 창시자인 프란시스코 로메로의 손자이자, 스페인 역사상 가장 위대한 투우사라고 평가받는 인물이다. 그의 별명은 실패하지 않는 사람이라는 뜻의 '엘 인팔리블레El infalible' 였다. 그는 1775년에 처음으로 마드리드에서 경기를 치르게 되면서 스페인에서 가장 유명한 투우사로 성장했다. 페드로는 헤밍웨이의 소설『태양은 다시 떠오른다』에 여주인공 브렛과 사랑에 빠지는 투우사로 등장하기도 했다. 1831년, 77세의 나이에 마지막 경기에서 죽인 소를 스페인의 여왕 이사벨 2세에게 바친 일은 유명한 일화로 남아있다.

투우 박물관 내부 ▷

투우사가 사용하는 도구 ▷

---

* 마타도르의 물레타와 칼Estoque을 투우에 최초로 도입한 인물이 바로 프란시스코 로메로이다.

박물관을 나오면 자연스럽게 아레나로 들어서게 된다. 시선을 돌려 황소가 들어오는 문을 찾아보자. 바로 건너편이다. 그 안으로 들어가면 하얀 벽면에 두꺼운 나무문으로 막힌 투우 소 대기실이 나온다. 눈에 보이지는 않지만 당일 경기에 출전하게 될 여섯 마리의 소가 각각의 우리에 갇혀 두려움과 공포에 떨고 있다.

이곳에 온 이상 살아남을 확률은 거의 없다. 24시간 묶여 있던 눈가리개가 벗겨지고 문이 열리면 다섯 살짜리 어린 소가 갈 수 있는 유일한 탈출구는 탐욕스러운 인간으로 가득한 아레나

△
투우장 내부 사진

이다. 혼자서 감당해야 하는 외로운 무대를 견디지 못해 나오자마자 벽으로 돌진하여 그 자리에서 목이 꺾여 사망하는 경우도 있다. '자살 소'라고 부른다.

제일 먼저 소를 상대하는 투우사는 피카도르Picador이다. 소의 등허리에 긴 창을 힘껏 내리꽂아 소에게 첫 번째 타격을 주는 역할이다. 그리고 두 번째는 반데리예로Banderillero다. 맨몸으로 소를 상대하며 날렵하게 움직여 양손에 들고 있던 작살을 소의 등에 꽂는다. 소가 움직일 때마다 작살은 춤을 추듯 덜렁거리고 불쌍한 소의 등에서는 엄청난 양의 피가 샘솟는다.

△
투우장 안쪽 투우 소 대기실

'이제 마타도르가 등장할 차례였다. 인간과 황소는 다시 정면으로 마주 보고 섰다. 그들은 마치 서로 애무하듯이 서로의 팔다리를 어루만졌다. 기쁨의 순간이었다. 왜냐하면 위대한 화해의 순간이 온 것처럼 보였기 때문이다. 피를 흘리지 않는 평화롭고 위대한 만남이 이루어질 것이다. 그런데 갑자기 마타도르의 칼날이 황소의 곧은 뿔 사이에서 번쩍였다. 하지만 투우사는 칼을 물리면서 움츠러들기 시작했다. 화가 난 관객들이 그에게 야유를 보내자, 그는 창피해 어쩔 줄 몰라 했다. 그는 다시 칼을 뽑아 조준한 다음 찔렀다. 그렇게 맹렬하게 헐떡이면서, 투우사는 동물이자 신인 황소의 비밀스러운 힘과 맞서고 있었다.'

_니코스 카잔차키스의 『스페인 기행』 중에서

바르셀로나와 카스티야 레온, 카나리아 제도 등 스페인의 여러 자치 지방에서는 투우를 법으로 금지하고 있다. 스페인은 지금도 '전통문화의 보존'과 '동물 학대' 사이에서 뜨거운 논쟁을 벌이고 있다. 투우장을 나가면서 바닥에 있는 모래를 물끄러미 바라봤다. 바로 이곳에서 피 흘리며 고통스러워했을 어린 소를 생각하니 가슴이 먹먹해졌다. 많은 사람의 바람대로 더는 인간으로 인해 고통받는 동물들이 없어지길 마음속으로 빌었다.

무어 왕의 집 지하에 감추어진 비밀

스페인에서도 특히 남쪽 안달루시아 지방을 여행하다 보면 '무어족' 혹은 '모로족'이라는 단어를 자주 접하게 된다. 711년, 지금의 모로코에서 이슬람 군대가 이베리아 반도를 침공했을 당시에 가톨릭 인들은 그들을 '모로Moros'라고 불렀다.

언어상으로는 '검다'라는 뜻의 그리스어인 'Mauros'에서 유래했으며, 지리적으로는 모로코, 알제리, 튀니지 등 북아프리카에 살고 있는 이슬람인들을 지칭하여 불렀다. 하지만 현재에도 스페인 사람들은 지역과 관계없이 이슬람인들을 총칭하여 '모로'라는 표현을 사용하는 편이다.

누에보 다리에서 아주 가까운 곳에 있는 무어 왕의 집Casa del

rey moro은 잘 알려지지 않은 장소이다. 이름에 집Casa이라고 적혀 있기 때문에 어디서든 흔히 볼 수 있는 궁전과 정원이라고 생각하기 쉽다. 하지만 외부에서는 짐작도 할 수 없는 놀라운 비밀의 공간이 이 집 내부에 숨겨져 있다.

△
무어 왕의 집 입구

입장료를 지불하고 내부로 들어가면 아담한 크기의 정원이 나오고 'Water mine'이라고 적혀 있는 작은 표지판을 따라가 보면 지하로 내려가는 입구가 나온다. 만약 표지판이 없다면 그 누구도 그러한 공간이 있을 거라고는 상상하지 못했을 것이다. 성인 남성이 몸을 움츠려 조심스럽게 계단을 내려가야 할 정도로 좁고 낮은 동굴 속으로 천천히 걸어 내려갔다.

'워터 마인? 물 광산? 무슨 의미지?'

이 동굴이 협곡 저 아래 과달레빈 강까지 연결된다는 것은 알고 있었지만, 과연 어떠한 용도로 만들어 놓은 것인지는 모르고 있었다. 어두운 지하로 20~30미터 정도 내려갔을 때 이 비밀 통로가 무어 왕의 탈출로 일 것으로 생각했다.

카스티야 왕국의 페르난도 3세가 13세기 중반 코르도바와 세비야를 차례로 정복했을 무렵 그라나다의 술탄은 난공불락의 성 알암브라를 짓기 시작했다. 종교적 신념으로 무장한 가톨릭인들의 거침없는 공세는 하엔Jaen과 론다 등 그라나다 왕국의 통치하에 있던 도시들의 성벽을 더 높게 만들었다.

론다가 가톨릭 군사들에게 포위당했을 경우를 대비해 술탄과 그의 식솔들이 안전하게 도시를 빠져나갈 수 있는 통로라고 여기고 밑으로 더 내려가는데 벽면에 크고 작은 십자가가 새겨져 있었다. 거의 수직으로 100미터를 파내는 작업은 가톨릭 노예들의 몫이었고, 감당할 수 없는 노역으로 좌절될 때 벽면에 새겨진 십자가를 보며 위로를 받았던 것이다. 지금은 조명을 비추고 벽면 하단에 'Las Cruces십자가들'라고 적힌 안내문이 있어서 알아볼 수 있지만, 600년 전 그 당시에는 빛도 없는 가장 어두운 장소에 십자가를 새겼을 것이다. 자신들만이 아는 장소에서, 어떤 날은 눈에 보이지도 않는 십자가를 손으로 만지며 그 앞에서 간절히 기도했을 가톨릭 노예들의 모습을 상상해 봤다.

조금 더 내려가니 작업장처럼 보이는 넓은 공간에 들어섰다. 표지판에는 '라 노리아La Noria'라고 적혀 있었다. '수차'라는 뜻이

△
지하로 내려가는 계단

△
가톨릭 노예들이 벽면에 새긴 십자가들

다. 이 표지판을 보는 순간 나는 망치로 한 대 맞은 것처럼 머리 속이 하얘졌다. 드디어 동굴의 비밀을 알게 된 것이다. 지하로 한참을 내려와서 발견한 이 작업장은 바로 강으로부터 물을 공급받는 통로였다. 그제야 '워터 마인'이라는 단어를 보고도 이해하지 못했던 우둔한 나 자신이 부끄러웠다.

수차를 작동하기 위해 무거운 바퀴를 돌리는 작업 또한 가톨릭 노예들이 맡았다. 당나귀나 소가 작업하기에는 장소가 너무도 협소하기 때문이다. 수차로 끌어 올린 물을 지상으로 운반하는 작업 또한 얼마나 큰 고통이었을까.

이 광산은 도시가 포위될 경우를 대비해 론다 시민들에게 물을 공급할 목적으로 만들어 놓은 것이다. 14세기, 아보멜릭Abomelic 통치 시절에 지어졌다.

다음 칸에는 무기실Sala de Armas이 나온다. 각종 무기들과 보급품을

△
수차를 이용해 물을 끌어 올렸던 장소

보관하는 제법 큰 공간에서는 혹시 모를 적군의 공격을 대비한다. 무기실 아래층에 있는 돔 구조로 만들어진 비밀의 방을 지나면 작은 문이 하나 나오고, 그 문을 통과하면 드디어 협곡의 제일 밑바닥에 고요히 흐르는 강과 마주하게 된다.

자연이 빚은 걸작품에 감탄이 절로 나온다. 이제껏 위에서만 내려다봤는데, 아래에서 위를 올려다보는 경치도 너무나 아름다웠다.

이 강물을 저 꼭대기까지 올려 식수로 활용했던 무어인들의 지혜와 기술력에 감탄하지 않을 수 없었다.

인류의 전쟁사에서 물을 빼놓고는 이야기할 수 없다. 서로마가 멸망한 후에도 1천 년을 더 영위했던 비잔틴 제국을 감싸고 있던 테오도시우스 성벽은 내가 아는 한 인간이 만든 가장 완벽한 성벽이다. 오스만 제국이 테오도시우스 성벽을 포위하고 있던 그 순간에도 이스탄불 시내의 지하 저수조에는 시민들이 몇 년간 사용할 만큼의 물이 비축되어 있었다.

스페인의 이사벨 여왕과 그의 남편 페르난도 2세가 그라나다를 정복할 당시에 이슬람의 뛰어난 토목 기술자들이 수 킬로미터에서부터 공급되는 수로를 땅속 깊숙이 숨겼기 때문에 결국 그라나다를 함락하는 데 큰 어려움을 겪었다.

협곡 아래에서 보는 경관 ▷

△
532년에 완공된 지하 저수조 예레바탄. 터키 이스탄불에 있다.

그 반대의 경우는 요르단에 있는 '페트라Petra'이다. 돌을 깎아 만든 거대한 고대 도시 페트라는 왕국에 입성하는 자체가 불가능해 보일 정도로 난공불락의 요새이다. 깎아지른 붉은 협곡의 높이는 평균 100미터가 넘으며 그 협곡을 지나는 좁은 길은 군대의 대형을 깨뜨린다. 이곳으로 들어가는 좁고 긴 협곡의 한 면을 파서 1.2킬로미터 정도 길이의 수로를 만들었는데, 결국 로마는 이 수로를 차단해서 왕국을 정복하고 만다.

다시 론다로 되돌아와 1485년 *카디즈 후작의 군대는 배를 타고 강을 건너 이곳에 도착했다. 그리고는 수차를 파괴하고 물 공급을 차단했다. 도시의 항복은 시간문제였다.

겉에서 봤을 때는 이곳이 물을 끌어 올리는 기능을 할 것이라고는 상상할 수도 없어 보인다. 적들의 공격에 맞서 저항하기 위한 요새처럼 보일 뿐이다. 그래서 많은 역사학자가 무어인 내부의 첩자가 이 비밀 수로에 대해 알려줬고 그로 인해 카디즈 후작이 정확한 위치를 찾았을 것으로 추측하고 있다.

론다가 수복되고 가톨릭 노예들은 해방되었다. 그 이후에도 마을 주민들은 이 광산에 대한 존재를 알고 있었지만, 지하 감옥에 있던 죄수들의 시체가 썩고 있다는 소문으로 사람들의 발길이 끊어졌고, 결국 400여 년간을 폐허 상태로 남아 있었다.

---

* 카디즈 후작로드리고 폰세 데 레온: 스페인의 레콩키스타 과정 중 그라나다 정복에 참전했던 지도자 중 한 명이다.

산타 마리아 라 마요르 성당

"이 전쟁이 끝나면 빈Wien의 모든 교회는 모스크로 바뀔 것이다!"

1683년 9월, 30만의 오스만 군대를 이끄는 *카라 무스타파는 빈으로 진격했다. 두 달간 빈을 포위했지만 결국 신성로마 제국을 정복할 수 없었다.

만약 오스만 제국이 빈에 입성했더라면 세계의 역사는 이슬

---

* 카라 무스타파1635~1683: 오스만 제국의 재상이자 총사령관으로서 빈 전투에서 실패한 뒤 처형당했다.

람을 중심으로 쓰였을지도 모른다.

732년 투르 푸아티에 전투, 1571년 레판토 해전. 가톨릭의 운명이 달린 치열한 전투에서 가톨릭은 서로 힘을 합쳐 사라센과 오스만 등 이슬람 군대의 공격을 이겨냈다.

이슬람 군대가 가톨릭 도시를 점령하면 제일 먼저 하는 일은 약탈이었다. 군사들의 사기와 그다음 공격할 도시를 위협하기 위해 로마제국 등 고대 전쟁에서도 정복지에 막대한 피해를 입히는 것은 당연한 절차였다. 물론 순순히 성문을 열어 준 경우라면 잔혹한 약탈은 피할 수 있었다.

3일간의 끔찍한 만행이 행해지고 나면 도시를 재정비하는 첫 번째 단계가 바로 종교 건축물을 세우는 일이다.

톨레도나 살라망카 등 우리가 아는 스페인 대부분 도시는 로마 제국이 건설했다. 도시 중심부에는 로마 신전이 있었는데, 476년 게르만에 의해 서로마가 멸망하면서 탄생한 서고트 왕국은 모든 로마 신전을 허물고 그 자리에 가톨릭교회를 건설했다.

교회는 다시 이슬람에 의해 모스크로 변경되고, 그로부터 8백 년이 지난 15세기부터 스페인에 존재했던 모스크의 대부분이 가톨릭교회로 바뀌었다.

즉 수천 년의 역사가 쓰이면서 도시의 주인이 바뀔 때마다 종교 건축물 또한 다시 지어진 것이다.

론다가 1485년에 함락되고 1년만인 1486년에 성당 건축이 시작되었다. 모스크를 완전히 부수지 않은 상태에서 대대적인 공사가 진행되었다. 성당의 외관을 보면 하늘을 향해 높이 솟은 종탑이 보인다. 모스크가 존재하던 당시에 사용되던 *미나레트는 상층부만 가톨릭 양식으로 보완하여 현재까지 그대로 사용 중이다.

내부의 신랑nave에는 고딕 양식을 상징하는 첨두형 아치와 크로스 볼트의 구조가 보이고 정면에는 세비야 조각가 마누엘 라모스Manuel Ramos Corona에 의해 붉은 소나무로 조각된 바로크 양식의 주 제단을 볼 수 있다.

성당 뒤편으로는 삼나무와 참나무로 제작된 성가대 실Coro이 있다. 즉 15세기 말부터 교회로 사용되었고, 16~17세기를 거치면서 다양한 양식이 자연스럽게 가미되었다.

성당으로 입장해서 왼편을 보면 한 거인이 아이를 어깨에 얹고 강을 건너는 커다란 벽화가 있다. 사실 이 그림은 유럽에서

---

* 미나레트는 이슬람 신자들에게 예배 시간을 알리는 역할을 하는 곳이다. 예전에는 사람이 직접 올라가서 큰소리로 시간을 알렸다. 이를 '아잔'이라고 한다.

◁ 성당 전면

△
바로크 양식의 주 제단

△
24석 규모의 성가대 실

성 조지Saint Jorge 다음으로 가장 많이 눈에 띄는 그림이다. 세비야 대성당, 톨레도 대성당, 코르도바 대성당에서도 쉽게 찾을 수 있다.

아이와 함께 강을 건너고 있는 사람은 바로 크리스토퍼 성인

△
성당 내부에 그려진 크리스토퍼 성인의 벽화

이다. 영어로는 세인트 크리스토퍼Saint Christopher, 스페인에서는 산 크리스토발San Cristóbal 이라고 부른다.

가톨릭의 중요한 성인 중의 한 명인 크리스토퍼는 3세기 초 시리아 혹은 소아시아에서 태어난 것으로 추정된다. 워낙 힘이 세고 커다란 몸집의 크리스토퍼는 세상에서 가장 강한 사람을 섬기겠다는 다짐을 하고 고향을 떠난다. 한 나라의 왕을 모시던 중, 왕이 누군가에게 기도하는 모습을 보게 되었고 왕이 의지하는 그 누군가가 바로 예수님이라는 것을 알게 된다. 크리스토퍼는 사람들에게 묻기 시작했다. 어떻게 하면 그 예수라는 분을 만날 수 있느냐고. 그러자 한 그리스도인이 예수님의 말씀을 전했다.

"여기 내 형제 중에 지극히 작은 자 하나에게 한 것이 곧 내게 한 것이니라"

이 한마디에 큰 깨달음을 얻은 크리스토퍼는 자신의 큰 키를 이용하여 돈이 없어 강을 건너지 못하는 가난한 자를 위해 무료로 강을 건너게 도와주었다. 그러던 어느 날 한 아이가 다가와 자신을 강 건너로 옮겨달라고 부탁했다. 아이를 어깨에 얹고 강을 건너는데 아이의 몸이 점점 무거워져서 겨우겨우 힘들게 도착을 하고 올려다보니 아이가 아닌 성인의 예수였다.

"내가 바로 네가 그렇게도 찾던 예수 그리스도다."

이후 그리스도인으로 평생을 살다가 로마군에 의해 순교를 당했다고 전해진다. 그리스도를 만나기 위해 가난한 여행자들을 도왔던 그의 행적으로 인해 크리스토퍼 성인은 여행자의 수호성인 혹은 운전자, 짐꾼의 수호성인이 되었다.

포르투갈의 작가 주제 사라마구의『수도원 비망록』에 보면 주인공 세트 소이스를 놀리다가 겁을 먹은 한 여행자가 위험에 처한 순간 '자신의 영혼을 크리스토퍼 성인에게 맡겼다'라는 표현이 나오는데, 왜 수 많은 성인 중에서 하필 크리스토퍼 성인에게 기도했는지는 다 이유가 있던 것이다. 여행자를 지켜주는 수호성인이기 때문이다.

성당 안에 크리스토퍼의 그림이 있는 특별한 이유가 있다. 론다의 수호성인이 바로 크리스토퍼이기 때문이다. 유럽의 국가와 주, 도시들은 대부분 수호성인이 존재한다. 스페인의 수호성인은 예수님의 제자인 성 야고보Santiago, 카탈루냐 지방의 수호성인은 성 조지, 마드리드의 수호성인은 성 이시드로San Isidro이다. 이 성인들은 각각의 축일이 있기 때문에 그날에 해당 도시들은 일제히 공휴일로 보내며, 자신들을 지켜주는 수호성인들을 위한 종교의식을 행한다.

△
론다의 수호성인 크리스토퍼 축일에 열린 행렬. 이런 종교 행렬을 프로세시온Procesión이라고 부른다.

△
남프랑스 몽펠리에의 수호성인 로케 축일8월 16일에 열린 행렬로 모든 시민이 나와서 구경하고 있다. 성 로케는 흑사병에 걸린 사람들을 헌신적으로 보살핀 성인으로서 지팡이와 조가비, 넓적다리에 있는 상처가 그의 상징이며, 외과 의사와 병자의 수호성인이기도 하다.

크리스토퍼 성인의 축일은 7월 25일이다. 이날에 맞춰 론다에 온다면 그의 순교를 기리기 위한 행렬에 참여할 수 있다.

산타 마리아 라 마요르 성당의 하이라이트는 2층에서 웅장한 성당 내부를 내려다보고 발코니로 나가 높은 곳에서 론다의 아름다운 구시가지를 감상하는 것이다. 이 외에도 〈베드로의 생애〉, 〈사도 바울의 회심〉 등 프랑스 화가인 레이먼드Raymonde Pagégie의 벽화도 매우 인상적이다.

△
2층에서 보는 성당 내부의 모습

△
발코니에서 내려다보이는 론다 구시가지 전경

13세기에 건설된 아랍 목욕탕

한 번이라도 이슬람 사원을 들어가 본 사람이라면 입장하기 전에 반드시 행해야 하는 지침이 있다는 것을 알 것이다. 우선은 이성에게 유혹이 될 만한 신체 부위를 가려야 한다. 남녀 모두 반바지 차림으로는 입장이 불가하다. 여성의 경우는 히잡 혹은 머플러 등을 이용해 얼굴을 가리고 들어가야 하며, 입구에서는 신발을 벗는다. 이 절차를 지키면 누구든지 사원 안으로 들어갈 수 있다. 이슬람 사원의 문은 누구에게나 언제든 열려 있다.

하지만 입장하려는 사람이 만약 이슬람 신자라면 한 가지의 절차가 더 있다. 바로 '우두al-wuḍū'이다. 우두는 이슬람 신자들이 *살라트Salat를 하기 위해 몸과 마음을 정결하게 씻는 행위이다.

이슬람의 꾸란 5장 6절에 보면 이런 내용이 나온다.

"믿음을 가진 자들이여 예배드리려 일어났을 때 너희 얼굴과 두 손을 팔꿈치까지 씻을 것이며 머리를 쓰다듬고 두 다리를 발목까지 닦을 것이니 너희가 또한 불결하였다면 깨끗이 하라."

로마와 이슬람 문명이 둘 다 목욕을 즐기는 문화였다는 것은 모두가 아는 사실이다. 그냥 단순히 생각하면 로마와 이슬람 사람들은 참 씻는 것을 좋아했구나 라고도 이해할 수 있다. 하지만 이 둘 간에는 분명한 차이점이 있다.

로마인들에게 목욕이란 단순히 몸을 깨끗하게 하는 것을 넘어 사교의 장소였다. 로마 초기의 목욕탕은 작은 공간에 열탕과 냉탕 정도가 있는 규모였으나, 로마 제국이 강성해 지면서 자연스럽게 목욕 문화도 발달하게 되었다. 목욕탕 내부에 휴게소, 식당, 도서관, 운동 시설 등이 자리를 잡게 되면서 하나의 거대한 사교 클럽의 기능을 갖고 있었다.

하지만 이슬람 사람들에게 목욕이란 신을 만나기 위한 준비

---

* 살라트: 이슬람 신자들이 하루에 다섯 번씩 알라에게 드리는 예배

과정이자 종교의식이다.

스페인 여행을 하게 되면 파티오Patio라고 불리는 '안뜰'을 볼 수 있다. 이슬람 사원을 성당으로 바꾼 세비야 대성당이나 알암브라의 궁전 내부에서도 안뜰을 쉽게 찾을 수 있는데, 사방이 벽으로 막혀 있으며 과실수가 있는 이 구조를 이슬람에서는 '잔나Jannah'라고 부른다. 잔나의 구조를 자세히 살펴보면 정 가운데에 분수가 위치해 있다는 것을 알 수 있다. 이슬람 건축물에 반드시 수반되어야 하는 시설이 바로 이것, 신자들의 몸을 깨끗이 하는 '우두'를 위한 것이다.

또 한 가지 차이점이 있다. 로마 목욕탕에는 몸을 담글 수 있는 커다란 탕이 있었던 반면에 이슬람식 목욕탕에는 탕이 없다. 그 이유는 이슬람에서 고여 있는 물은 부정하다고 믿기 때

△
로마식 목욕탕. 물이 고여 있는 탕에 들어가 서로 담소를 나누고 있는 모습

△
아랍식 목욕탕. 목욕탕 어디에도 고여 있는 물이 없다.

문이다. 그래서 지하로 뜨거운 물이 흐르면서 온 바닥을 뜨겁게 유지하고 양 벽면에 흐르는 물을 떠서 몸을 씻는 방식이었다.

론다의 아랍 목욕탕은 13세기에 건설된 것으로 추정된다. 13세기의 론다에 존재하던 수십 개의 목욕탕 중에서 유일하게 남아 있는 곳이다. 강변에 위치한 이유는 목욕에 필요한 물을 원활히 공급받기 위해서였다.

목욕탕 안으로 들어가기 전에 위쪽 계단으로 올라가면 강물을 끌어 올리는 수차가 있던 장소가 있다. 이곳부터 보고 나서 그다음 목욕탕 내부를 관람하는 것이 좋다.

수차를 가운데에 두고 당나귀가 그 바깥쪽에서 원을 그리며 수차를 돌렸다. 그렇게 끌어 올린 물은 또다시 수로를 통해 목

물은 중력에 의해 천천히 운반돼 ▷
목욕탕 안으로 이동한다.

△
당나귀를 이용해 작동시켰던 수차가 있던 자리

욕탕 내부로 운반됐다.

다시 계단으로 내려와 이제 목욕탕 내부로 들어가면 제일 먼저 리셉션과 탈의실이 있던 장소가 나온다. 리셉션 이후로 순서대로 냉실, 온실, 열실이 있다. 그 뒤편으로 한 가지 시설이 더 있었는데 바로 커다란 아궁이였다.

즉 위에서 봤던 수로를 통해 물이 저장되고, 저장소 옆 아궁이에서 뜨거운 물이 열실을 지나고 그 후 온실을 지나면서 물이 자연스럽게 식어가는 시스템이다. 바닥을 보면 그 뜨거운 물이 지나갔던 공간들을 찾을 수 있다. 앞에서도 언급했지만, 이슬람인들은 고여있는 물을 부정하게 여겼기 때문에 물을 계속 흐르게 하여 그 열을 이용한 것이다. 천장에 별 모양으로 난 구멍들은 그때 발생하는 수증기를 외부로 내보내는 장치이다.

현재도 이슬람인들은 이와 같은 방식으로 목욕을 한다. 터키식 사우나로 잘 알려진 암맘Hammam에 가보면 왜 물을 받아놓은 탕이 없는지 이해할 수 있을 것이다.

800년 전에 이곳은 꽤 장사가 잘되던 사업장이었다. 주로 론다를 방문하던 외부인이 긴 여행을 마치며 휴식을 취하고 몸을 깨끗하게 했던 장소였다. 물론 상당 부분 훼손이 된 상태지만 아랍 목욕탕의 원리를 이해하고 접근한다면 선조들의 지혜에 감탄하게 될 것이다.

△
아랍 목욕탕 내부

론다 출신의 세계적인 화가 호아킨 페이나도

우리가 유럽의 소도시에 이끌리는 이유는 무엇일까. 그곳에는 세상 사람들이 다 아는 유명한 관광지에서 느낄 수 없는 소도시 특유의 정서와 여유, 한적한 골목과 여행자를 반기는 따스함이 있다.

만약 그런 소도시에 미술관이 있다면 대부분 그 지역 출신 화가의 그림들을 전시하고 있다. 이런 미술관의 공통점 세 가지는, 미안할 정도로 입장료가 저렴하고 관람객이 거의 없으며 직원들이 매우 친절하다.

매표소에서 브로슈어를 받아 들고 미술관 안으로 들어갔다. 두 개 층으로 구성되어 있는데 기대했던 것보다 많은 그림이 전

시되어 있었다.

제일 먼저 눈에 띈 그림은 페이나도의 자화상이었다. 백발의 노인인 페이나도가 이 그림을 그린 건 1972년이다. 페이나도는 1898년 론다에서 태어나 1975년 파리에서 생을 마감했다. 그의 생을 3년 정도 남겨 놓고 그린 자화상이다.

뒤쪽 창가로부터 들어오는 빛의 명암이 인상적이다. 해를 받고 있는 한쪽 어깨에는 윤곽선을 그려 넣지 않은 디테일이 돋보인다. 입고 있는 옷을 보니 계절이 바뀌는 어느 시점인 듯하다.

강렬한 검은색의 짙은 눈썹과 정면을 응시하는 눈빛은 화가의 엄격한 성격이 그대로 묻어난다. 자연스럽게 느껴지는 얼굴의 주름들은 입체파 그림의 장점을 더욱 돋보이게 하며 그의 삶과 정체성에 대해 생각하게 한다.

1953년에 그린 아버지의 초상화는 정면이 아닌 측면을 응시하고 있다. 이 시기는 화가가 파리에서 가장 왕성하게 활동을 하던 시기였다. 미간의 주름과 굳게 다문 입술, 그리고 아버지의 옷차림은 그가 평소 어떤 성품이었는지 짐작해 볼 수 있다. 그림 속의 아버지는 아들인 화가로부터 시선을 돌리고 있다. 이 그림을 그리며 페이나도는 어떤 감정이었을까.

비엔나 미술사 박물관이나 루브르 박물관처럼 규모가 큰 미

◁ 페이나도의 자화상
1972년

◁ 아버지의 초상화
1953년

술관에서는 컬렉션 자체도 훌륭하지만 건축과 내부 인테리어, 기념품 샵, 특히 카페나 레스토랑을 방문해 보는 재미도 상당하다. 몇 년 전 피렌체의 우피치 미술관 야외 테라스 카페에서 마셨던 카푸치노 한 잔은 지금도 커다란 감동으로 남아있다. 나는 와이너리를 방문할 때에도 비슷한 감성적 경험을 하곤 한다.

반대로 관광객이 거의 없는 이런 한적한 미술관을 즐기는 방법은 화가와 도시를 연결하여 접근하는 것이다. 화가가 살았던 도시이기 때문에 그 화가만의 감정과 기억이 투영된 그림들을 천천히 바라보다 보면 그 여행지가 좀 더 특별하게 느껴지기 마련이다. 화가가 그린 마을 풍경에 관심을 두다 보면 문득 이런 생각이 든다. '화가는 저 그림을 어디에서 그렸을까?' 이러한 호기심을 갖고 들여다보면 그림 속 작은 골목 골목에 스며든 화가만의 감정들을 느껴볼 수도 있다.

포르투갈 중부 지역의 작은 중세 도시 '오비두스'에도 비슷한 미술관이 하나 있었다. 오비두스 출신의 화가 아빌리오Abilio de Mattos e Silva의 작은 미술관에서 오비두스의 풍경화를 보고 화가가 그린 위치를 찾아보자며 길을 나섰다. 친절한 마을 주민들의 도움으로 그 정확한 위치를 찾았는데 그곳이 바로 아빌리오의 이층집 창가였다. 붉은 기와지붕 사이에 아치가 보이고 그 밑에서 소소한 이야기를 나누는 두 여인의 모습을 보며 그림을 그렸을 아빌리오의 감정들이 느껴지는 그림이었다.

자화상 옆에 있는 론다의 시내의 모습은 지금으로부터 약 100년 전에 그려진 그림이다. 지금의 모습과 다른 게 없다.

1923년이면 페이나도가 스페인을 떠나 파리로 갔던 해이다.

△
아빌리오의 〈아치의 집〉
1945년

한동안 마드리드에서 활동하던 페이나도가 파리로 떠나기 전 고향 마을에 들러 어린 시절의 기억들로 가득한 마을의 모습을 영원으로 남겼다. 그리고 언젠가 자신의 이름으로 된 미술관이 이곳에 세워지기를 꿈꿨을 것이다.

△
페이나도의 〈론다의 도시 풍경〉
1923년

페이나도가 처음 파리로 간 것은 1923년이었다. 파리에서 만난 피카소는 페이나도를 누구보다 아꼈다. 피카소가 스페인의 시골 출신이라는 이름표로 인해 파리 예술계에서 무시와 텃세를 경험했기 때문에 페이나도에게는 남다른 애정과 관심을 보였다. 게다가 둘 다

스페인의 남부 *말라가 주 출신이었기에 흔히 이야기하는 안달루시아 남자들만의 마초 기질이 있었다. 두 사람을 연결해 주는 코드는 투우와 스페인 음식 그리고 언제나 그리운 말라가의 해안 코스타 델 솔Costa del Sol이었다. 미술관 벽면에 있는 페이나도와 피카소의 사진을 보며 두 사람의 우정에 미소가 지어진다.

◁ 미술관 내부 모습

◁ 페이나도와 피카소가 함께 찍은 사진

---

* 피카소는 말라가 주의 수도 말라가 시에서 태어났고, 페이나도는 말라가 주의 론다에서 태어났다. 차로 1시간 30분 거리에 있다.

론다 근교 관광 명소

스머프 마을 후스카르, 필레타 동굴 벽화, 바위 틈에 세워진 마을 세테닐

스머프 마을 후스카르

2011년 12월. 전체 인구가 300명도 채 안 되는 마을 회관에 주민들이 하나 둘 씩 모이기 시작했다. 중요한 투표가 있는 날이었다. 주민들은 흰색과 파란색 중에 하나를 선택해야 하는 상황이었다. 과연 무엇을 위한 투표였을까.

2011년 봄. 개봉을 앞둔 영화 스머프의 시사회를 위해 한 마을 전체를 스머프 블루로 칠하기로 결정한다. 무려 4천 리터의 페인트가 투입됐다. 영화 시사회가 끝난 이후로도 관광객들이 서서히 모여들었고 주민들은 행복했다. 소니사와의 계약 중에 시사회가 끝나면 다시 원래의 흰색으로 되돌려 놔야 한다는 조

항이 포함되어 있었지만 결국 주민들은 투표를 통해 스머프 마을로 남기로 한 것이다.

◁ 멀리서 보이는 스머프 마을 전경

◁ 스머프 마을 풍경

◁ 스머프 마을에서 쉽게 볼 수 있는 캐릭터 조형물

론다 시내에서 차로 30분 거리에 떨어진 후스카르Júzcar는 스머프 마을로 유명하다. 론다에 숙소를 두고 반나절 시간을 내서 다녀오기에 적합한 곳이다. 마을의 규모가 크지 않아서 도보로 한두 시간 정도면 충분하다.

이 마을은 온통 파란색으로 가득하다. 어느 집 창가에 올려놓은 작은 스머프 인형들은 마치 관광객들에게 인사를 건네는 듯하다. 마을 곳곳에 스머프 등장인물들을 그린 벽화와 조형물들을 찾아다니다 보면 시간 가는 줄 모른다. 심지어는 관공서, 학교, 공동묘지도 전부 파란색이다. 재미있는 사실은 이 마을에 딱 한 곳만 흰색으로 남아 있는데, 마을 주민들은 이 집을 가가멜의 집이라고 부른다. 아이들과 함께 하는 가족 여행이라면 더더욱 필수 코스이다. 마을을 뛰어다니며 행복해하는 아이들의 모습을 볼 수 있을 것이다. 인생 사진에도 도전!

△
스머프 마을 공립 학교

△
보건소 건물

◁ 공동묘지 입구

필레타 동굴 벽화

1977년 유네스코가 생물권 보호구역으로 지정한 그라살레마 산맥에는 필레타 동굴Cueva de la pileta 이외에도 많은 석회암 동굴이 존재한다. 선사 시대에 이베리아 반도에 살았던 인류의 흔적들에 대한 탐험과 연구는 지금도 진행 중이다.

필레타 동굴은 1905년 농부였던 호세 부욘José Bullón Lobato에 의해 우연히 발견됐다. 그는 박쥐 배설물을 비료로 사용하기 위해 박쥐 떼를 쫓던 중 깊은 산중의 작은 틈으로 박쥐 떼가 들어

△
동굴에서 바라보는 그라살레마 산맥의 풍경

가는 것을 목격했는데, 그 틈 안에 총 길이가 2킬로미터가 넘는 어마어마한 규모의 석회 동굴이 존재했던 것이다. 그리고 그 석회 동굴 안에서 12,000~20,000년 전에 그린 것으로 추정되는 벽화가 발견됐다. 이 발견은 선사 시대에 인류의 흔적이 스페인 북부에만 한정된 것이 아니라 이베리아 반도 전역에 걸쳐 존재했다는 증거였다.

이 시대는 인류가 농경을 중심으로 한 생산경제가 시작되기 이전의 사회였다. 후기 구석기로 분류되는 이 시기는 여전히 채집과 사냥에 의존하고, 집을 지을 수 없어 벌판에 살기도 했다.

동물의 위협을 받는 지역이라던가 가혹한 추위가 다가오면 동굴 속에 숨어 살기도 했다. 그러다가 사냥감이 부족해지면 주거지를 옮겨 다니며 살았다.

현재 스페인 북부 산탄데르 지방에 위치한 알타미라Altamira 동굴은 관광객의 입장이 금지되는 곳이어서 실제 동굴 벽화를 볼 수는 없지만, 이곳 필레타 동굴은 입장이 가능하다. 가이드와 함께 진행되는 동굴 투어는 사전에 겉옷을 준비해야 한다. 동굴 안으로 500미터 이상 들어가게 되면 외부보다 기온이 훨씬 낮아지기 때문이다.

내부에서는 사진 촬영이 안 되고 설명은 영어와 스페인어로 동시에 하겠다는 가이드의 짧은 안내와 함께 동굴 안으로 들어갔다.

스페인에도 네르하 동굴, 드라크 동굴 등 유명한 동굴이 많다. 하지만 이 동굴은 다른 점이 하나 있다. 벽면이나 바닥에 그 어떤 조명이나 불빛이 없다는 것이다. 우리가 들고 있는 램프로 바닥을 비추며 조심스럽게 걸어야 사고를 예방할 수 있다.

내가 마치 탐사 대원 중 한 명처럼 느껴졌다. 농부였던 호세 부욘이 처음 동굴로 들어가면서 이 동굴 안에 수만 년 전에 사람들이 살았던 흔적이 있을 거라고는 아마 상상도 못 했을 것이다.

◁ 동굴 입구

◁ 입장 전 관광객들에게 주의사항을 설명하고 있는 가이드의 모습

"동굴의 전체 길이는 약 2킬로미터 정도 됩니다. 그중에서 우리가 가 볼 수 있는 곳은 25퍼센트 정도뿐이죠."

가이드를 따라 한참 동안 동굴 안으로 들어갔다. 거대한 공간들이 내부에 형성되어 있었다. 창고나 회의 장소 등 공적인 시설들과 가족 단위의 주거 공간이 분리되어 있었다. 들어갈수록 길은 여러 갈래로 나뉘고 우리는 숙련된 가이드를 따라 관광객에게 허용된 길로 이동했다. 첫 번째 벽화 앞에 모두가 멈췄다. 마치 소 같은 그림이 보였다. 돌을 갈아 액체와 섞어 만든 물감으로 그린 그림이 21세기까지 이렇게 보존이 되었다는 것은 정말 놀라운 일이다.

다른 벽화를 찾아 또다시 이동했다. 한참을 걸어 들어가는 길은 조금도 지루하지 않다. 가이드가 갑자기 멈추더니 우리에게 묻는다.

"여러분, 지금 여기서 제일 중요한 게 무엇일까요?"

적막이 흘렀고 잠시 뒤 스페인 아저씨가 대답했다.

"안전이요!"

"맞아요. 안전 중요하죠. 하지만 더 중요한 게 있습니다."

"벽화?"

50대로 보이는 통통한 몸매를 가진 스페인 아저씨가 다시 대답했다.

"벽화보다 더 중요한 게 있을 것 같은데요?"

가이드가 말했다.

그때 내 옆에 있던 스페인 할아버지가 자신 있게 외쳤다.

"가이드요!"

모두가 웃었다. 진지하던 가이드도 소리를 내어 하하하 웃었다. 그리고는 말을 이어갔다.

"스위치를 돌려 여러분이 가지고 있는 램프를 모두 꺼보세요."

웅성거리는 소리가 조금 들렸고, 관광객들은 하나둘 모두 불을 껐다.

"자, 이제 제가 들고 있는 마지막 불을 끄겠습니다. 하나, 둘, 셋!"

그러자 너무나 당연했지만 그 누구도 상상하지 못했던 상황이 벌어졌다. 정말 아무것도 보이지 않았다. 우리가 가진 모든 불을 꺼버리자 우리는 단 한 발짝도 움직일 수 없었다.

"자 어떠신가요? 무엇이 가장 중요한지 이제 아셨죠?"

가이드는 다시 불을 켰고, 우리도 일제히 불을 켰다. 동굴 안은 다시금 밝아졌다.

"마찬가지입니다. 2만 년 전 이 동굴 속에 살던 사람들에게도 불만큼 중요한 것은 없었죠."

그리고는 들고 있던 램프를 벽 위쪽으로 갖다 댔다. 그러자 거짓말처럼 벽면에는 연기에 그을린 흔적들이 분명했다. 모두 다 신기한 표정으로 쳐다봤다. 벽면 밑이 바로 불을 피우던 장소였던 것이다. 2만 년 전에 불을 사용했던 흔적이 눈앞에 고스란히 남아 있던 것이다.

대략 한 시간 정도 가이드와 함께 동굴을 탐사했다. 여기저기에 벽화들이 존재했다. 소와 말, 염소, 물고기 등 동물들의 그림이 가장 많았다. 어떤 그림은 여러 동물이 겹쳐지기도 했다. 왜 따로따로 그리지 않고 굳이 겹쳐 그렸는지, 또한 알 수 없는 부호들이 의미하는 것은 무엇인지 이 동굴은 여전히 풀리지 않는 수수께끼로 가득했다.

△
동굴 투어를 마치고 나오는 관광객들의 모습

△
멀리서 보이는 동굴 입구.
사실 육안으로는 식별이 불가능해 보인다.

입장료: 어른 10유로, 어린이 6유로, 최대 입장 인원 25명, 예약 필수.

가이드와 함께하는 동굴 투어는 대략 한 시간 정도이며, 사전에 예약하고 가야 한다. 하절기는 10시 30분, 동절기는 11시 30분에 문을 여는데, 사전에 전화나 문자를 통해 시간을 확인하고 예약을 하는 것이 바람직하다. (동굴 예약 전화번호_ 687133338)

바위틈에 세워진 마을 세테닐

스페인 사람들에게도 생소한 도시 세테닐 Setenil은 론다에서 차로 30분 거리에 떨어져 있다. 렌터카로 여행하는 경우라면 주저없이 떠나보자.

론다보다도 훨씬 작은 세테닐은 거대한 바위틈에 세워진 마을이다.

△
바위틈에 지어진 집들

바위산이 강에 의해 침식되어 바위 밑으로 공간이 형성되었고, 그 안에 집을 짓고 살기 시작했다. 이름하여 동굴 집이다. 여름에는 시원하고 겨울에는 따듯한 것이 특징이다. 동굴 집이 어떻게 생겼는지 궁금하다면 강변을 따라 이어지는 쿠에바스 델 솔Cuevas del sol 거리로 가보자. 세테닐의 유명한 맛집들이 모여 있는 곳이다.

손님이 제일 많았던 프라스키토Bar Frasquito 레스토랑에 들어갔다. 종업원이 추천해 준 하몽과 양고기 구이는 두고두고 생각날 만큼 맛있었다.

△
세테닐의 맛집 거리

◁ 프라스키토 레스토랑 입구

△
양고기 구이 Chuletitas de Cordero 10유로

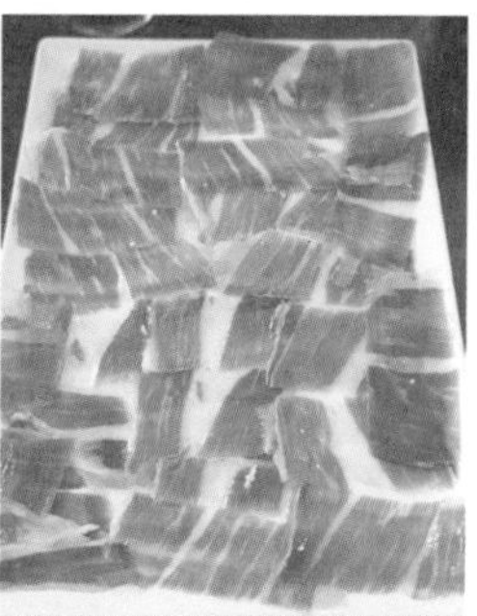

△
하몽 Jamón Ibérico 10유로

추천 레스토랑

알바카라, 아브라사도르 라 카레타, 다빈치, 클레멘테

알바카라Albacara

주소: Calle Tenorio, 8 (Tel_ 952161184)
가격: 1인당 30~40유로

누에보 다리를 건너 구시가지로 진입하자마자 바로 우회전해서 2~3분 정도 걸으면 몬테릴리오Montelirio 호텔이 나온다. 이 호텔 레스토랑의 이름이 알바카라이다.

론다에서 가장 비싼 레스토랑 중의 하나인데, 야외 발코니에서 즐기는 식사는 단연 최고이다. 누에보 다리가 한눈에 보이는 이 환상적인 장소는 되도록 해가 질 무렵에 방문하는 것이 좋다. 또한 가능하다면 사전에 좋은 자리 예약을 추천한다.

△
테이블에서 보이는 전망

친절한 웨이터가 빵과 올리브를 가져다줬고, 나는 샐러드와 오징어구이를 주문했다. 주문하고 나서 30분이 넘게 지났지만 음식은 나오지 않았다. 시간이 천천히 흐르는 스페인 레스토랑에서는 흔한 일이다. 그런데 오히려 음식이 더 늦게 나왔으면 하는 생각이 들 정도로 테이블에서 바라보는 론다의 경치가 아름다웠다.

"론다는 로맨틱한 장소이다. 사랑하는 연인과 방문하기 좋은 곳이다"라고 했던 헤밍웨이의 말이 더더욱 실감이 갔다.

△
일몰 후에 보이는 누에보 다리의 모습

환상적인 올리브와 달콤한 틴토 데 베라노와인에 탄산음료를 섞어 만든 술는 이 레스토랑을 더욱 특별하게 만들어 준다.

"음식 맛이 어때요?"

정신없이 바쁜 웨이터 '욘'은 나에게 다가와 몇 번이나 음식이 맛있냐며 물었다.

"맛있어요. 메인 요리도 괜찮지만 여기 올리브는 정말 특별해요."

11시가 조금 넘어 테이블이 한산해지자 욘 아저씨와 잠시 이야기를 나눌 수 있었다. 욘의 고향은 스페인 북부에 있는 산 세바스티안San Sebastian인데, 9년 전 말라가 해변으로 휴가를 갔다가 지금의 아내를 만났고, 그때부터 아내의 고향인 론다에서 살고 있다고 한다.

△
환하게 웃고 있는 욘 아저씨

레스토랑을 방문한 손님들에게 환하게 인사하고, 음식에 만족해하는 손님 앞에서 엄지손가락을 올리며 행복해하는 욘 아저씨. 그는 진심으로 일을 즐기는 사람 같았다.

△
참치 타다끼Tataki de Atún 16유로

△
와인에 탄산을 섞은
틴토 데 베라노 4.5유로

△
오징어구이Calamar a la plancha 20.95유로

아브라사도르 라 카레타Abrasador La Carreta

주소: Calle Nueva, 16 (Tel_ 639654207)

가격: 1인당 15~20유로

누에보 다리에서 아주 가까운 곳에 있는 레스토랑. 론다뿐만 아니라 스페인에서 가장 맛있는 감바스새우 요리를 즐길 수 있는 곳이다. 또한 카르보나라, 해물 피자, 모둠 고기 세트 등 메뉴 종류도 다양하다.

예전에 단체 관광객들을 모시고 이곳에 자주 왔었기에 나는 이 레스토랑 주인하고는 꽤 친한 사이이다. 이번에 『론다 in 스페인』을 쓰면서 레스토랑을 적극적으로 추천해 주겠다고 하니 마음씨 좋은 주인아저씨 마르코스Marcos가 재미있는 제안을 한 가지 했다.

『론다 in 스페인』을 들고 오는 관광객들에게 특혜를 주면 어떻겠냐는 아이디어였는데, 나는 신이 나서 마르코스와 메뉴판을 바라보며 즉석에서 세트 메뉴 두 가지를 만들었다.

△
레스토랑 입구

△
레스토랑 주인 아저씨 마르코스

◁ 세트 메뉴 1.
감바스 필 필Gambas pil pil+
해물 피자Pizza marisco 주문 시
탄산음료 두 잔 무료. 21.95유로

MENÚ 1 21,95euro

Gambas pil pil + Pizza marisco
⇨ *se regalan 2 bebidas.*

◁ 세트 메뉴 2.
모둠 고기 세트Carne mixto 주문 시
상그리아 두 잔 무료. 24유로

MENÚ 2 24euro

Carne mixto
⇨ *se regalan 2 sangrias.*

다빈치 Da Vinci

주소: Calle Santa Cecilia, 3 (Tel_ 951151817)

가격: 1인당 15~20유로

시내 중심에서 도보로 10분 정도 떨어져 있는 레스토랑이다. 관광객이 전혀 없는 진정한 론다 로컬 식당을 가보고 싶다면 강력히 추천한다.

주인장 호세Jose는 레스토랑을 운영하셨던 부모님으로부터 자연스럽게 일을 배우게 되었고 얼마 전 야심 차게 이 레스토랑

다빈치 빵Pan da Vinci 3.2유로 ▽

마늘 빵Pan de ajo 3.5유로 ▽

◁ 오븐에 구운 마카로니Macarrones al horno 11.2유로

을 오픈했다.

호세와 소라야Soralla 부부가 운영하는 이 레스토랑은 스페인 전통음식도 팔지만, 특히 이탈리아 음식이 아주 훌륭하다.

△
입구에서 손님을 맞이하는 호세 부부

클레멘테Clemente

주소: Calle Molino de Alarcón (Tel_ 951166184)
가격: 1인당 10~15유로

누에보 다리에서 비에호 다리가 있는 쪽으로 내려가 아랍 목욕탕을 지나면 클레멘테 레스토랑이 나온다. 론다 레스토랑 중에서 가성비가 가장 좋은 곳이다.

이 레스토랑에 가 보면 스페인 사람들이 얼마나 늦게 식사를 하는지 실감할 수 있다. 보통 저녁 시간이 8시 30분에 시작하는데, 9시 30분 정도 되면 그제야 테이블이 하나둘씩 채워진다. 다른 유럽 사람들 눈에도 스페인의 늦은 식사 시간은 상당히 이색적이다.

△
론다 성이 보이는 야외 테이블

◁ 파에야(2인분) 19유로

◁ 오징어튀김 5.5유로

◁ 새우튀김 5.5유로

추천 호텔

파라도르 데 론다, 팔라시오 데 헤밍웨이, 카탈로니아 레이나 빅토리아, 보데가 엘 훈칼

파라도르 데 론다Parador de Ronda

주소: Plaza España s/n (Tel_ 952877500)

가격: 더블룸 140~180유로

파라도르 데 론다 호텔은 스페인 정부에서 운영하는 국영 호텔이다. 전국에 백여 개가 운영되고 있다. 객실에서 누에보 다리를 감상할 수 있는 몇 개 안 되는 호텔 중의 한 곳이다.

누에보 다리 옆 론다 심장부에 위치해 있어서 대부분의 관광지로의 접근성이 아주 좋다.

숙박하지 않더라도 야외 카페테리아에서 간단한 타파스Tapas 나 음료 등을 즐길 수 있다.

△
파라도르 데 론다 호텔 로비

△
파라도르 데 론다 호텔 객실 내부

팔라시오 데 헤밍웨이 Palacio de Hemingway

주소: Calle Tenorio, 1 (Tel_ 952870101)

가격: 더블룸 55~70유로, 슈피리어룸 80~100유로

누에보 다리 건너 구시가지 초입에 위치한 아름다운 호텔. 총 객실 수 열두 개의 작은 호텔이지만 고풍스럽고 아늑하다. 입구에 들어서면 자연광이 쏟아져 내리는 로비가 나오고 아랍풍의 인테리어는 호텔에 멋스러움을 더해 준다. 친절한 직원들은 이 호텔의 자랑이다.

△
팔라시오 데 헤밍웨이 호텔 외관

△
팔라시오 데 헤밍웨이 호텔 로비

카탈로니아 레이나 빅토리아Catalonia Reina Victoria

주소: Calle Jerez, 25 (Tel_ 952871240)

가격: 싱글룸 100유로, 더블룸 120유로

시내에서 아주 살짝 벗어나 있지만 시내까지 충분히 도보로 이동이 가능하다. 주차장도 넓고 스파와 수영장 등 호텔 시설이 아주 만족스러운 곳이다. 로비와 연결되는 야외 테라스에서 바라본 경치는 보는 이를 압도한다.

△
카탈로니아 레이나 빅토리아 호텔 입구

△
카탈로니아 레이나 빅토리아 호텔 객실 내부

보데가 엘 훈칼 Bodega El Juncal

주소: Ctra. de Ronda El Burgo Km, 1 (Tel_ 952114699)

가격: 싱글룸 50~60유로, 패밀리룸 80~130유로

론다 시내에서 차로 10분 거리에 위치한 호텔. 승용차를 가지고 있는 경우라면 시내에서 살짝 벗어난 외곽 호텔에 머무는 것도 좋다.

호텔 정원으로 나가면 양쪽에 있는 사이프러스 나무 사이로 아름다운 정원이 있다. 테이블에 앉아 언제든지 맛있는 커피를 즐길 수 있다. 담장 너머에는 론다의 아름다운 풍경이 펼쳐진다.

이 호텔은 자체 와이너리를 보유하고 있다. 연간 5만 병을 생산하며, 론다와 안달루시아 지방에 유통된다. 미리 신청을 하면 와이너리를 구경할 수 있고, 질 좋고 저렴한 가르나차 품종의 와인을 살 수도 있다.

△
보데가 엘 훈칼 호텔 야외 수영장

△
보데가 엘 훈칼 호텔 와이너리 내부

론다 in 스페인

초판 1쇄 발행 | 2020년 1월 22일

지은이 | 박영진
발행처 | 마음지기
발행인 | 노인영
기획 · 편집 | 하조은 · 이연호
디자인 | 문영인

등록번호 | 제25100-2014-000054(2014년 8월 29일) **주소** | 경기도 수원시 영통구 광교중앙로 170, A동 1016호 (하동, 광교효성해링턴타워) **전화** | 02-6341-5111~3 **FAX** | 031-893-5155 **이메일** | maum_jg@naver.com *이 도서의 국립중앙도서관 출판예정도서목록(CIP)은 서지정보유통지원시스템 홈페이지(http://seoji.nl.go.kr)와 국가자료공동목록시스템(http://www.nl.go.kr/kolisnet)에서 이용하실 수 있습니다.(CIP제어번호: 2019053446)

※ 책 값은 뒤표지에 있습니다.
※ 잘못 만들어진 책은 바꿔 드립니다.

ISBN 979-11-86590-31-7

마음지기는 여러분의 소중한 꿈과 아이디어가 담긴 원고 및 기획을 기다립니다.

마음지기는

성공은 사람을 넓게 만듭니다. 그러나 실패는 사람을 깊게 만듭니다. 마음지기는 성공을 통해 그 지경을 넓혀 가고, 때때로 찾아오는 어려움을 통해서 영의 깊이를 더해 갈 것입니다. 무슨 일에든지 먼저 마음을 지킬 것입니다.
높은 산꼭대기에 있는 나무의 뿌리가 산 아래 있는 나무의 뿌리보다 깊습니다. 뿌리가 깊기에 견고히 설 수 있습니다. 마음지기는 주님께 깊이 뿌리내리고 그 어떤 상황에서도 주님을 찬양할 것입니다.
"하나님과 가까이 교제하고 교감하는 사람은 그렇지 못한 사람보다 더 행복하다"라고 마시 시모프는 말했습니다. 마음지기는 하나님과 교감하고 교제하기 위해서 하루 24시간을 주님과 동행할 것입니다.

—— "모든 지킬 만한 것 중에 더욱 네 마음을 지키라 생명의 근원이 이에서 남이니라" 잠언 4:23